Yvonne Metzger

Raumordnung in den Niederlanden - Speziell am Beispiel der Randstad

GRIN Verlag

Bibliografische Information der Deutschen Nationalbibliothek:

Die Deutsche Bibliothek verzeichnet diese Publikation in der Deutschen Nationalbibliografie; detaillierte bibliografische Daten sind im Internet über http://dnb.d-nb.de/ abrufbar.

Impressum:

Druck und Bindung: Books on Demand GmbH, Norderstedt Germany
ISBN: 978-3-638-86517-3

Dieses Buch bei GRIN:

http://www.grin.com/de/e-book/34721/raumordnung-in-den-niederlanden-speziell-am-beispiel-der-randstad

Westfälische Wilhelms - Universität Münster
Zentrum für Niederlandestudien
Proseminar: Einführung in die Regionalgeographie der Niederlande

WS 2000/ 2001
1. Fachsemester

Hausarbeit

Raumordnung in den Niederlanden,

speziell am Beispiel der Randstad

Yvonne Metzger

Inhaltsverzeichnis

I. Einleitung

Raumordnung ist ein sehr umfangreiches Thema, das interessante und vielseitige Aspekte besitzt. In dieser Hausarbeit soll näher eingegangen werden auf die Raumordnungspolitik der Randstad, in der sich wirtschaftliche, soziale und kulturelle Bedeutung des Landes manifestieren und die somit auch den wichtigsten Platz in der Raumordnung des Landes einnimmt. Neben der Darstellung der Entwicklung der Raumordnungspolitik generell und deren Organisationsstrukturen konzentriert sich die Arbeit auf die Inhalte der raumordnungspolitischen Berichte, in denen die Randstad jeweils ein zentraler Punkt ist, auf den Begriff der Randstad selbst und auf die direkten Planungen des Landes für die Randstad und die daraus resultierenden Probleme und Folgen. Spezifische Planungsvorhaben für einzelne Städte sollen nur kurz skizziert werden, um das Ziel der Arbeit, nämlich die Darstellung der Raumordnung an einem größeren Teilgebiet des Landes, nicht aus den Augen zu verlieren.

II. 1. Historische Entwicklung

Die Niederlande sind eines der dichtestbesiedelten Länder der Welt. Aufgrund dessen müssen Wohnungsbau und Freizeitangebot, Handel und Industrie, Verkehr und Transport, Landwirtschaft und Naturschutz sorgfältig aufeinander abgestimmt werden. Die Raumordnung spielt hierbei eine wichtige Rolle. Die Art und Weise, in der man mit dem verfügbaren Raum umgeht, hat sich im Laufe der Jahre allmählich geändert. Früher arbeitete man mit Raumordnungsplänen, die für einen bestimmten Zeitraum gültig waren, heute mit flexiblen Richtlinien, die es erlauben, sich auf die immer wieder verändernden Entwicklungen einzustellen. Dieses Konzept nennt man Prozeßplanung, die nun an Stelle der Zielplanung steht. Zielplanung bedeutet die Festlegung der künftigen räumlichen Struktur. Die Notwendigkeit einer sorgfältigen Planung ergibt sich nicht nur aus der hohen Bevölkerungsdichte, sondern auch aus der immer intensiveren Nutzung des Raums.

Rechtliche Grundlage aller raumordnerischer Maßnahmen ist das Raumordnungsgesetz. Es ist das Ergebnis einer langen Entwicklung, die im Jahre 1901 mit der Verabschiedung des Wohnungsgesetzes begann. Einige Aspekte der Nachkriegsentwicklung sind folgende: Die Raumordnung hat nicht nur ein wissenschaftliches Fundament erhalten, sondern erstreckt sich in ihrer Planung inzwischen auch auf den ländlichen Raum und nicht nur auf die Städte. So erhält die Raumplanung einen vergrößerten Planungsmaßstab und ist nicht mehr nur auf lokaler Ebene relevant, sondern muss auf regionaler, nationaler und internationaler Ebene betrieben werden. Zudem wurden mehr Mitsprachemöglichkeiten für die Bevölkerung geschaffen.

Die Städtebildung rund um das 'Grüne Herz', welches größtenteils aus unzugänglichem Sumpfgebiet bestand, entwickelte sich in den etwas höher gelegenen Gebieten: entlang der Dünenlandschaften im Westen, auf dem Sandboden im Osten, entlang der Flüsse (z.B. Utrecht und Leiden am alten Rhein, Amsterdam an der Amstel). Die Niederlassungen an der Küste und an den Flüssen entwickelten sich dank Fischerei und Schifffahrt zu Zentren des Handels und der Industrie. Im 17. Jahrhundert wird der Westen der Niederlande - das eigentliche Holland - so bedeutungsvoll, dass er auch Zentrum für Verwaltung, Kunst und Wissenschaft wird.
Schon Anfang des 20. Jahrhunderts begannen einige niederländische Gemeinden mit Hilfe von Flächennutzungsplänen eine Art von Raumplanung zu entwickeln, tatsächlich wurde der Begriff Raumordnung aber erst 1941 relevant, als die Verantwortung der Regionalplanung auf die Provinzialverwaltungen übertragen wurde. Hinzu kommt, dass vor dem 2.Weltkrieg das Hauptaugenmerk der Regierung auf den Wohnungsbau gelegt worden war. Nach dem Krieg wurde aufgrund verschiedener Wachstumstendenzen sowohl bei der Bevölkerung als auch in der Wirtschaft, die besonders im Westen der Niederlande auftraten, die Notwendigkeit einer neuen Leitplanung immer deutlicher. Dies führte zum 1956 veröffentlichten Bericht *Der Westen und die übrigen Niederlande* und des detallierten Berichts *Die Entwicklung des Westens der Niederlande* von 1958.

2. Organisation

Wie kurz unter Punkt 1 erwähnt, gibt es in den Niederlanden drei Ebenen der Raumplanung: die nationale, die provinziale und die kommunale Ebene.

2.1. Raumpolitik auf nationaler Ebene

Auf nationaler Ebene werden zum einen Planungsleitbilder des Staates in Raumordnungsberichten niedergelegt. Der Staat gibt also die Grundzüge der Raumordungspolitik vor. Inhalt dieser Berichte sind Fragen der Verstädterung, der Stadterneuerung und des Landschaftsschutzes. Neben den Raumordnungsberichten gibt es sogenannte Strukturkonzepte, die sich entweder mit bestimmten Teilregionen befassen oder mit spezifischen Aspekten der Raumordnung. Des Weiteren werden Strukturentwürfe, die in erster Linie der raumordnerischen Beurteilung staatlicher Investitionen dienen, entwickelt.

2.2. Raumpolitik auf provinzialer Ebene

Auf provinzialer Ebene werden insbesondere Regionalpläne ausgearbeitet, die den Vorgaben der nationalen Raumordnungspolitik entsprechen und eine richtungsweisende Wirkung für die Kommunalpläne haben sollen. In den Niederlanden gibt es siebzig Regionalplanungsgebiete. Die Provinzen haben außerdem die Aufgabe, die von den Gemeinden aufgestellten Bebauungspläne zu genehmigen.

2.3. Raumpolitik auf kommunaler Ebene

Auf kommunaler Ebene gibt es den Strukturplan, der als Rahmen für den Flächennutzungsplan dient. Mit Hilfe von Texten und Karten werden die für eine längere Zukunft anzustrebenden Raumstrukturen grob festgelegt. Am wichtigsten ist der Flächennutzungsplan, weil er anhand von Karten und Bebauungsvorschriften die verbindliche Nutzung der einzelnen Flächen festlegt und somit für den einzelnen Bürger von großer Bedeutung ist. Laut Raumordnungsgesetz sind die Gemeindeverwaltungen dazu verpflichtet, für unbebaute Flächen einen Flächennutzungsplan zu erstellen. Flächennutzunspläne werden öffentlich ausgelegt und in Anhörungen kritisch betrachtet. Unter Berücksichtigung der durch Bürger und gesellschaftlichen Gruppierungen ausgeübten Kritik und Meinungen entwirft die jeweilige Behörde nach erneuter Überarbeitung des ausgelegten Planes den definitiven Plan, der nach Annahme im Parlament, in den Provinzialstaaten und im Gemeinderat rechtskräftig wird. Die Gemeinderäte erstellen die Bebauungspläne bzw. die Bauleitpläne in denen Bodennutzung und -bebauung festgelegt wird. Nach der Annahme im Gemeinderat und der Genehmigung durch die Provinz ist der Inhalt des Bauleitplans allgemein rechtsverbindlich.

Baugenehmigungen werden nur erteilt, wenn sich die geplante Nutzung mit dem Bauleitplan vereinbaren lässt. Verstöße werden ggf. gerichtlich geahndet und widerrechtlich errichtete bauliche Anlagen kostenpflichtig abgerissen.
Diese bestehenden gesetzlichen Regelungen haben zwei Nachteile: Die hohe Priorität des kommunalen Bauleitplans widerspricht u.U. der angestrebten grossmaßstäbigen Planung. Zum anderen hat das öffentliche Mitspracheverfahren große Verzögerungen in der Verwirklichung des Bauleitplanes zur Folge, so dass nun in einem neuen Gesetz das bisher praktizierte Verfahren wesentlich vereinfacht werden soll. Alle drei Gebietskörperschaften, also Staat, Provinz und Gemeinde, haben ihre eigenen Befugnisse, sind aber bei der Durchführung raumordnerischer Maßnahmen aufeinander angewiesen. Sie brauchen jeweils die Zustimmung der anderen Gebietskörperschaften, damit die verschiedenen Raumordnungspläne optimal aufeinander abgestimmt werden können.

3. Planungsleitbilder der bisherigen Raumordnungspolitik

3.1. 1.Raumordnungsbericht

Der erste Bericht zur Raumordnung in den Niederlanden entstand 1960. In ihm sind die Grundzüge der Raumplanung bis 1980 dargelegt. Ziel war die Erreichung einer besseren wirtschaftlichen Entwicklung der bisher zurückgebliebenen Landesteile ausserhalb der Randstad. Diese Landesteile sollten in ihrer Ausstattung mit öffentlichen und privaten Dienstleistungen dem Niveau der Randstad-Städte angepasst werden und so attraktive Zentren im Umland bilden.

3.2. 2. Raumordnungsbericht

Der zweite Bericht zur Raumordnung in den Niederlanden entstand 1966. In ihm sind die Grundzüge der Raumplanung bis zum Jahr 2000 dargelegt und dies erstmals in einem größeren, westeuropäischne Rahmen. So wird die Randstad „als Bestandteil eines Komplexes von städtischen Ballungsgebieten rund um die Nordsee gesehen. In diesem Zusammenhang ist zu erwarten, dass das weitere Wachstum der Wirtschaft vor allem in den Seehäfen und ihrer Umgebung stattfinden wird. Für die Niederlande bedeutet das also eine weitere Stärkung der

Randstad.“ [1] Des Weiteren strebte der Bericht eine gleichmäßigere Verteilung der Bevölkerung, keine weitere Zersiedelung des grünen Herzens und gebündelte Dekonzentration an.

3.3. 3. Raumordnungsbericht

3.3.1. Orientierungsbericht

Dieser aus drei Teilen bestehende Bericht entstand 1974. Mit dem dritten Orientierungsplan zur Raumordnung zeichneten sich Tendenzen ab, die eine generelle Neuorientierung der Raumordnungspolitik bedeuteten. Diese Neuorientierung erfolgt vor dem Hintergrund bedeutender Änderungen der raumordnungspolitischen Datenlage in den Niederlanden: Es wird mit einem weiter wachsenden Raumbedarf für Wohnungen, bedingt durch einen Rückgang der durchschnittlichen Wohnungsbesetzung gerechnet. Zudem erwartet man eine Erhöhung des Anteils der städtischen Gebiete am niederländischen Staatsgebiet aufgrund der Erweiterung industrieller, kommerzieller und öffentlicher Formen urbaner Bodennutzungen. Von 1960 bis 1970 verfünffachte sich die Zahl der PKWs in den Niederlanden. Das bedeutet eine beträchtliche Erhöhung der Mobilität der Bevölkerung, die sich in der Zukunft weiter fortsetzen dürfte. Die Folge dieser Motorisierung ist eine weitere Verstärkung der Suburbanisierungstendenzen. Ein weiterer wichtiger Punkt sind die veränderten Zielsetzungen in Bezug auf das Wirschaftswachstum verursacht durch die Besorgnis um die Lebensqualität und die Verknappung der Roh- und Brennstoffe. Dieser neuen Ausgangslage trägt der erste Teil des Dritten Berichts zur Raumordnung Rechnung. In diesem Bericht werden letztendlich drei neue Elemente erwähnt, nämlich Umweltschutz, Wachstumsbeherrschung und Abbau der gesellschaftlichen Unausgewogenheiten.

3.3.2. Verstädterungsbericht

Als zweiter Teil des Dritten Berichts wurde 1976 der Verstädterungsbericht veröffentlicht.. Für die Raumordnungspolitik der Randstad ist dieser Teil der wichtigste. Aufgrund von

---

[1] Randstad Holland, Informations- und Dokumentationszentrum für die Geographie der Niederlande, Gestaltung und Text: Drs.Henk Meijer, 2. neubearbeitete Auflage, Utrecht/ ‘s-Gravenhage, 1986

sinkenden Einwohnerzahlen der Städte im Westen, Wachstumstendenzen in das „Grüne Herz",
rasch anschwellenden Pendlerströmen und der Gefahr, dass die Bedeutung der Randstad sich verringert, hat der Verstädterungsbericht folgende Ziele zum Inhalt:

- Verhinderung einer Zersiedelung des „Grünen Herzens" durch Konzentration des Wachstums auf einige wenige Ausbauorte außerhalb der Randstad
- Verhinderung von Ballungserscheinungen und unausgewogenem städtischen Aufbau durch Verringerung der Entfernung zwischen den Funktionen Wohnen und Arbeiten und der Förderung von öffentlichen Verkehrsmitteln und Fahrrädern (bessere Infrastrukturplanung)
- Verhinderung der drohenden Verstädterung weiter Landesteile durch Verbesserung der Wohn- und Lebensqualität in den Städten und durch erhöhte Wohnkapazität der Städte.

Das Besondere des Verstädterungsberichts liegt in der detaillreichen Darstellung der Ziele. Während die ersten beiden Berichte nur allgemeine Weisungen für die Raumordnungspolitik enthielten, benennt dieser Bericht konkret die betreffenden Standorte und die Instrumente zum Erreichen der Ziele.

3.3.3. Bericht ländlicher Gebiete

Im Bericht Ländlicher Gebiete wird zwischen vier verschiedenen Gebieten unterschieden: Gebiete mit Landwirtschaft als Hauptfunktion (ausschließlich im „Grünen Herzen" und den Seemarschen im Norden und Südwesten), Gebiete mit Landwirtschaft und anderen Funktionen in grossmaßstäbiger Verteilung (weidewirtschaftlich genutzte Gebiete, z.B. in Friesland), Gebiete mit Landwirtschaft, Natur und anderen Funktionen in kleinmaßstäbiger Verteilung (Osten und Süden des Landes), Gebiete mit Natur als Hauptfunktion (Nordseeküste, Heidelandschaft in der Mitte der Niederlande).

Die Schaffung von Pufferzonen soll nicht nur das Aneinanderwachsen der Städte verhindern, sondern den Bewohnern auch als Ruhe- und Erholungsgebiet („Randstad-Grünstruktur") dienen.

3.4. 4. Raumordnungsbericht

Dieser Bericht entstand im März 1988, dem 1990 eine revidierte Version folgt. In diesem Bericht schätzt die Regierung die Entwicklungsperspektiven für die Niederlande bis zum Jahr

2015 ein. Der Bericht geht davon aus, dass sich die Niederlande in nächster Zeit mehr mit europäischer Konkurrenz messen müssen. Auch hier spielt die Randstad - aber auch Teile von Gelderland und Nord-Brabant - eine große Rolle, da sie eine sehr zentrale Position durch das Vorhandensein des Rotterdamer Hafens, dem größten Hafen der Welt, einnimmt. Die sogenannten städtischen Knotenpunkte, also Amsterdam, Rotterdam, Den Haag, Utrecht, Groningen, Enschede, Arnheim-Nijmwegen und Maastricht, sollen weiter ausgebaut und gefördert werden, um mit anderen großen (Welt-)Städten konkurrieren zu können.

4. Randstad

4.1. Der Begriff der Randstad

Der Gebrauch des Begriffs „Randstad Holland“ bezieht sich auf eine Anzahl dicht beieinander liegenden Städten um ein ländliches Kerngebiet‚dem Grünen Herzen' der Randstad („Groene Hart van de Randstad“) im Westen der Niederlande. Die Anordnung dieser Städte ist eine Hufeisenform mit einem Durchmesser von 50-60 Kilometern. In dem dazwischen liegenden 'offenen' Gebiet findet man verschiedene kleinere Städte und viele Dörfer. Es wird für Viehzucht, Acker- und Gartenbau genutzt und bietet Erholungsmöglichkeiten. Die Form der Randstad ist hauptsächlich physisch und historisch begründet und ermöglicht ein gewisses Gleichgewicht zwischen offener Landschaft und städtischer Bebauung. Neben diesem bedeutenden Merkmal ist ebenso interessant, dass die Randstad eine polyzentrische Stadtregion ist. Keine der Städte kann als alleiniges Zentrum der Randstad bezeichnet werden. Zwischen den vier größten Städten Amsterdam, Rotterdam, Den Haag und Utrecht besteht keine hierarchische Ordnung. Grund dafür ist die Tatsache, dass jede dieser Städte ihre eigene Funktion besitzt. So ist Amsterdam die Hauptstadt und das bedeutendste kulturelle und finanzielle Zentrum; Rotterdam ist die größte Hafenstadt; Den Haag ist Regierungszentrum und Utrecht ist dank seiner zentralen Lage ein Eisenbahnknotenpunkt und Zentrum für Kongresse und Verhandlungen. Nahezu die Hälfte der Bevölkerung lebt in der Randstad, obwohl diese nur etwa 20% der Gesamtfläche des Landes ausmacht.

4.2. Abgrenzung der Randstad

Der Begriff 'Randstad' hat heute zwei unterschiedliche Bedeutungen:

1. nur der Städte - Ring von Utrecht-Hilversum-Amsterdam-Zaanstad-Haarlem-Leiden-Haag-Delft-Rotterdam-Dordrecht bis Gorinchem, der das 'Grüne Herz' umschließt.

2. der Städte - Ring einschließlich des durch diesen Ring umschlossenen Mittelgebietes und die um diesen Ring gelegene unmittelbare Einflußsphäre, das Außengebiet der Randstad.

Völlig eindeutige Abgrenzungskriterien gibt es allerdings nicht. Während die Randstad nach KEUNING eine „konkret räumliche Einheit ist, die zusammengesetzt wird aus einer Zahl physisch-geographischer oder historisch-geographischer Landschaftseinheiten“ [2], ist sie nach Auffassung des Geographischen Institutes der Universität Utrecht „eine abstrakte räumliche Einheit, die ihre Identität und ihren Zusammenhang den wechselseitig sozialräumlichen Beziehungen der einzelnen Elemente verdankt“ [2]. Die weniger verstädterten Teile der Randstad werden hier als“ funktional völlig im dynamischen System inkorporierte Teilsysteme gesehen.“ Die ländlichen Gebiete der Randstad haben eine überdurchschnittlich hohe Bevölkerungsdichte.

Generell lässt sich die zusammengesetzte Randstad in drei Gebiete gliedern:

- ein Außengebiet
- ein Städte-Ring mit einem Nord- und einem Südflügel
- ein Mittelgebiet, welches neben einem Randgebiet in ein offenes Mittelgebiet Nord und in ein offenes Mittelgebiet Süd aufgeteilt werden kann.

4.3. Raumordnungspolitische Planungen in der Randstad

Eine der Hauptaufgaben der Raumordnung im Randstadgebiet ist die Verhinderung von zu starken Suburbanisierungstendenzen in die selbständigen Gemeinden im grünen Herzen.Doch die bereits erwähnte hohe Bevölkerungskonzentration und der daraus resultierende Raummangel macht die weitere räumliche Expansion der Randstad zu einem besonders gravierenden Problem. Würde die Bevölkerungszahl in der Randstad weiter ansteigen, liegt die

---

[2] Borchert, J.G.; Ginkel, J.A. van: Die Randstad Holland in der niederländischen Raumordnung, Verlag Ferdinant Hirt, Kiel 1979

Gefahr nahe, dass ein zusammenhängendes städtisches Gebiet entsteht, wichtige agrarwirtschaftliche Interessen geschädigt würden, die Naherholungsgebiete überlastet wären, ein enormer Wohnungsmangel bestünde und dass sich allgemeine Probleme wie Verkehr und soziale Konflikte verschärfen würden. Damit sich die Bevölkerung nicht zu sehr auf die Randstad konzentriert und somit die genannten Gefahren vermieden werden, hat die Regierung auch weiterhin eine stärkere und harmonischere Bevölkerungsstreuung angestrebt. Sie will größere Städte außerhalb der Randstad fördern, indem dort neue Arbeitsplätze geschaffen werden und somit gleichzeitig das Fernpendeln reduziert wird. Den städtischen Gebieten im Westen könnte man dadurch Städte gegenüberstellen, die bezüglich urbaner Attraktivität einigermaßen vergleichbar wären. Gänzlich unumstritten ist jedoch auch dieser Gedanke nicht, da man befürchtet, Probleme aus den Ballungsgebieten könnten sich in den anderen Landesteilen fortsetzen. Hinzu kommt, dass auch die Städte im Westen förderungsbedürftiger geworden sind.

Drei wichtige aktuelle Grundsätze der Raumpolitik für die Randstad sind folgende:

1. „Die historisch gewachsenen Städte des Städterings müssen als räumlich selbständige Einheiten bestehen bleiben“ und „sollen durch Pufferzonen von mindestens 4 km Breite voneinander getrennt bleiben.“ [2]
2. „Das Mittelgebiet der Randstad soll vor städtischer Bebauung bewahrt bleiben und weiter als regionaler Grünzug funktionieren mit vorherrschend landwirtschaftlicher Nutzung.“ [2]
3. Die unvermeidbare Ausdehnung der Randstad ist ausschließlich an der Außenseite des Städterings vorzunehmen. Hierbei soll die überschüssige Bevölkerung hauptsächlich in bereits bestehenden mittelgroßen Städten aufgenommen werden, aber es gab bzw. gibt auch Überlegungen zum Neubau von Städten. Hierauf wird am Ende dieses Abschnittes näher eingegangen.

Die in den siebziger Jahren bestehende relativ sichere Prognose, dass im Jahre 2000 fast jeder Niederländer ein Stadtbewohner sein wird, führt zu weiteren Überlegungen bezüglich des Ausbaus städtischer Gebiete. Hierfür vorgesehene Gebiete sind folgende:

1. Nordflügel (u.a. Alkmaar, Ijmond, Haarlem, Amsterdam, Utrecht, Arnheim, Nijmwegen)
2. Südflügel (u.a. Leiden, Den Haag, Rotterdam, Dordrecht)

3. Brabanter Städtereihe (Bergen op Zoom, Roosendaal, Breda, Tilburg, Eindhoven, Helmond), mit Verlängerung an der Westflanke (Südbeveland und Walcheren mit Goes, Middelburg, Vlissingen)
4. Süd- und Mittellimburg (u.a. Maastricht, Heerlen, Kerkrade, Venlo)
5. Twente (Enschede, Hengelo, Almelo) als kleineres Gebiet sowie
6. Zentral-Groningen.

Man betrachtet hier Nord- und Südflügel getrennt und möchte erreichen, dass diese beiden Flügel nicht zusammenwachsen. Während bei einigen Orten weiterhin das Wachstum nur begrenzt statt finden soll, gibt es auch Orte, die ein überdurchschnittlich hohes Wachstum haben dürfen, die sogenannten Wachstumsorte.

Ein weiterer wichtiger Punkt ist die Entwicklung zentraler Orte bzw. Entlastungsorte, da die Aufnahmekapazität der bereits vorhandenen Städten nicht für die Aufnahme der stets wachsenden Bevölkerung reicht. Nach dem Prinzip der gebündelten Dekonzentration sollen sich Randstadtbewohner, die im Ballungsgebiet keine angemessene Wohnung finden können, vorzugsweise in den Entlastungs- und sonstigen Wachstumsorten nierderlassen.

Als Beispiel kann man hier - neben der Entwicklung Zoetermeers als Entlastungsort für Den Haag und Bijlmermeer als Trabantenstadt von Amsterdam - den Bau der neuen Stadt Almere im Osten von Amsterdam nennen, welcher 1971 von der Regierung beschlossen worden ist. Der Bau der Stadt in Süd - Flevoland dient der Entlastung Amsterdams und dem Nordflügel der Randstad. Durch die Schaffung von vielen Arbeitsplätzen versucht man, keine Schlafstadt entstehen zu lassen. Die neue Stadt wurde in einem Mehrkernkonzept mit drei Wohnkernen angelegt, so dass bei Bedarf die Stadt auf weiteren zur Bebauung reservierten Flächen ausgeweitet werden kann. Des Weiteren soll die Stadt aus einer möglichst vielseitigen Bevölkerungsstruktur bestehen und bietet neben Industriegebieten und Grünflächen zur Erholung auch eine gute Verkehrsverbindung zur Hauptstadt des Landes. Letzteres ist wichtig, weil sich ein intensiver Pendelverkehr zum Randstad- Nordflügel wegen der geringen Entfernung zu diesem nicht vermeiden läßt.

Trotz der Entwicklung mehrere Entlastungsstädte sind die Großstädte der Randstad (Amsterdam, Haarlem, Leiden, Den Haag, Rotterdam, Utrecht) aufgrund der dynamisch steigenden Bevölkerungszahl nicht in der Lage, die bisher geschaffenen Pufferzonen zu erhalten, so dass hier der Staat durch Landkäufe nachhelfen soll und die aufgekauften Landstriche für Erholungszwecke dienen sollen.

III. Fazit

Es gibt zwar durchaus noch Wohnungsbaumöglichkeiten außerhalb den Zentren der Randstad, aber Beispiele wie die Entwicklung Zoetermeers zum Entlastungsort, obwohl die Stadt sich im Grünen Herzen befindet, zeigen, dass nicht alle Grundsätze der Raumordnungspolitik eingehalten werden können.
Auf der einen Seite versucht man, die Ausweitung der Städte einzugrenzen, auf der anderen Seite will man sie für möglichst viele Menschen attraktiv gestalten. Noch kann man die Frage, ob die Randstad Holland eine Weltstadt ist, eher mit 'Nein' beantworten, da sie zwar Weltstadtfunktionen erkennen läßt, aber weder eine eindeutige Weltstadtatmosphäre bietet, noch eine in sich geschlossene städtische Einheit aufweist. Allein die Überlegung zeigt aber, welche wichtige Funktion der Westen der Niederlande mit seiner Randstad in der Raumordnung und sowohl in der nationalen als auch in der internationalen Bedeutung einnimmt. Die Regierung strebt zwar den genannten Weltstadtcharakter nicht als Ziel an, will aber dennoch Stadtflucht vermeiden, da sie als Gefahr für die Aufrechterhaltung städtischer Werte gesehen wird.

Auf landespolitischer Ebene versucht die Regierung eine höchstmögliche Flexibilität zu wahren, um weiteren Entwicklungen entsprechen zu können. Ziel aller Maßnahmen der Raumordnungspolitik sind funktionsfähige und attraktive Städte, die neben Arbeitsplätzen und Freiflächen auch eine angemessene Wohnatmosphäre bieten. Hierbei darf nicht nur der gesellschaftspolitische Wachstumswillen in den Niederlanden berücksichtigt werden, sondern vor allem die physische Tragfähigkeit des Raumes.

Literaturhinweise

1.) Borchert, J. G.; Ginkel, J. A van: Die Randstad Holland in der niederländischen Raumordnung, Verlag Ferdinant Hirt, Kiel 1979
2.) idg - newsletter, 2-1997
3.) Netwerken: de Randstad op het goede spoor, Productie: Twijnstra Gulde Management Consultans, Oktober 1996
4.) De 12 Provincies, Stichting Teleac, in samenwerking met de Uitgeverij van de Vereniging van Nederlandse Gemeenten, Utrecht 1989
5.) Randstad Holland, Informations- und Dokumentationszentrum für die Geographie der Niederlande, Gestaltung und Text: Drs.Henk Meijer, 2. neubearbeitete Auflage, Utrecht/ 's-Gravenhage 1986
6.) Die Entwicklung der Siedlungsstruktur in Europa, Schriftenreihe „Raumordnung" des Bundesministers für Raumordnung, Bauwesen und Städtebau, Bonn 1977